畜禽粪污资源化利用技术丛书

沼气生产利用
技术指南

全国畜牧总站　　中国饲料工业协会
国家畜禽养殖废弃物资源化利用科技创新联盟　组编

中国农业出版社

图书在版编目（CIP）数据

沼气生产利用技术指南 / 全国畜牧总站，中国饲料工业协会，国家畜禽养殖废弃物资源化利用科技创新联盟组编. — 北京：中国农业出版社，2017.11

（畜禽粪污资源化利用技术丛书）

ISBN 978-7-109-23346-1

Ⅰ.①沼… Ⅱ.①全… ②中… ③国… Ⅲ.①沼气－综合利用－指南 Ⅳ.①S216.4-62

中国版本图书馆CIP数据核字（2017）第223583号

中国农业出版社出版

（北京市朝阳区麦子店街18号楼）

（邮政编码100125）

责任编辑　周锦玉

北京中科印刷有限公司　新华书店北京发行所发行
2017年11月第 1 版　2017年11月北京第 1 次印刷

开本：850mm×1168mm　1/32　印张：2.125
字数：39千字
定价：10.00元
（凡本版图书出现印刷、装订错误，请向出版社发行部调换）

　　近年来，我国畜牧业持续稳定发展，规模化养殖水平显著提高，保障了肉、蛋、奶供给，但大量养殖废弃物没有得到有效处理和利用，成为环境治理的一大难题。习近平总书记在2016年12月21日主持召开的中央财经领导小组第十四次会议上明确指出，"加快推进畜禽养殖废弃物处理和资源化，关系6亿多农村居民生产生活环境，关系农村能源革命，关系能不能不断改善土壤地力、治理好农业面源污染，是一件利国利民利长远的大好事。"

　　为深入贯彻落实习近平总书记重要讲话精神，落实《畜禽规模养殖污染防治条例》和国务院有关重要文件精神，加快构建种养结合、农牧循环的可持续发展新格局，做好源头减量、过程控制、末端利用三条治理路径的基础研究和科技支撑工作，有力促进畜禽养殖废弃物处理与资源化利用，国家畜禽养殖废弃物资源化利用科技创新联盟组织国内相关领域的专家编写了《畜禽粪污资源化利用技术丛书》。

　　本套丛书包括《养殖饲料减排技术指南》《养殖节水减排技术指南》《畜禽粪肥检测技术指南》《微生

物应用技术指南》《土地承载力测算技术指南》《碳排放量化评估技术指南》《粪便好氧堆肥技术指南》《粪水资源利用技术指南》《沼气生产利用技术指南》9个分册。

本书为《沼气生产利用技术指南》，重点对畜禽养殖废弃物厌氧发酵技术工艺，以及沼气、沼渣、沼液等"三沼"产品利用技术路径和设备适用性等提出要求，可作为畜禽粪污资源化利用与沼气工程建设运行的参考技术资料。

书中不妥之处在所难免，敬请读者批评指正。

编　者
2017年7月

目　录
CONTENTS

前言

1 总则

1.1 适用范围

本技术指南规定了厌氧发酵及沼气、沼液和沼渣的综合利用可行技术。

本技术指南适用于以畜禽粪便、农作物秸秆、尾菜等农业有机废弃物为主要原料的沼气工程和沼气池，以其他有机质为原料的沼气工程参照执行。

1.2 术语和定义

1.2.1 沼气

畜禽粪便、秸秆、尾菜等农业有机废弃物，经厌氧发酵产生的可燃气体，主要成分是甲烷（CH_4），是沼气工程和沼气池的主产物。

1.2.2 沼液沼渣

畜禽粪便、秸秆、尾菜等农业有机废弃物，经厌氧发酵产生的剩余物经固液分离后，液体部分为沼液，固体部分为沼渣，是沼气工程和沼气池的副产物。

1.3 规范性引用文件

NY/T 1220.1—2006 沼气工程技术规范 第1部分：工艺设计

NY/T 1220.2—2006 沼气工程技术规范 第2部分：供气设计

NY/T 1220.4—2006 沼气工程技术规范 第4部分：运行管理

GB/T 51063—2014 大中型沼气工程技术规范

JB/T 9583.1—1999　气体燃料发电机组　通用技术条件

GB 50028—2006　城镇燃气设计规范

GB 15558.3—2008　燃气用埋地聚乙烯管材

GB 15558.2—2016　燃气用埋地聚乙烯管道系统

GB/T 3091—2015　低压流体输送用焊接钢管

GB/T 8163—2008　输送流体用无缝钢管

CJ/T 125—2014　燃气用钢骨架聚乙烯塑料复合管及管件

SY 0007　钢质管道及储罐腐蚀控制工程设计规程

GB 50016—2006　建筑设计防火规范

GB 50057—2010　建筑物防雷设计规范

HGJ 28　化工企业静电接地设计规程

GB 50251　输气管道工程设计规范

GB/T 29488—2003　中大功率沼气发电机组

CJ/T 110—2000　承插式管接头

CJ/T 190—2004　铝塑复合管用卡压式管

GB 17820—2012　天然气

GB 18047—2000　车用压缩天然气

GB 50009—2001　建筑结构载荷规范

GB 50251—2003　输气管道工程设计规范

GB 6222—2005　工业企业煤气安全规程

GB/T 18997.1—2003　铝塑复合压力管　第1部分：铝管对接焊式铝塑管

GB/T 18997.2—2003　铝塑复合压力管　第2部分：铝管对接焊式铝塑管

GB/T 3733—2008　卡套式端直通管接

HG 20517—92　钢制低压湿式气柜

NY/T 1704—2009　沼气电站技术规范

NY/T 2374—2013　沼气工程沼液沼渣后处理技术规范

NY/T 2065—2011　沼肥施用技术规范

NY 525—2012　有机肥料

NY/T 2596—2014　沼肥

2

厌氧发酵技术工艺
及技术设备适用性

2.1 湿法厌氧发酵

湿法厌氧发酵技术工艺主要适用于粪污混合物、污水等的处理，总固体（TS）质量分数一般在20%以下。按产酸产甲烷相可分为湿法单相反应器和湿法两相反应器。国内大部分反应器均为湿法单相反应器，根据反应器效率可分为低负荷反应系统、高负荷反应系统和高效高负荷反应系统。低负荷反应系统以厌氧消化池为代表，高负荷反应系统可以将固体停留时间和水力停留时间分离，能保持大量的活性污泥和足够长的污泥龄；高效高负荷系统在将固体停留时间和水力停留时间相分离的前提下，使固、液两相充分接触，既能保持大量污泥又能使和活性污泥之间充分混合、接触，以达到真正高效的目的。

2.1.1 低负荷反应系统

低负荷反应系统（图2–1）包括常规厌氧反应器（conventional anaerobic digestion tank, CADT）、全混式反应器（continuous stirred tank reactor, CSTR）、厌氧接触消化器（anaerobic contact digestor, ACP）等。

2.1.1.1 常规厌氧反应器（CADT）

无搅拌装置，原料在其中呈自然沉淀状态，效率较低。常规厌氧反应器结构简单、投资小、应用广泛，适合处理高浓度、高悬浮物的有机废水，户用沼气可采用此类型。

2.1.1.2 全混式反应器（CSTR）

全混式反应器是在常规厌氧反应器内安装了搅拌装置，效率较高，适用于高浓度及含有大量悬浮固体原料的处理，投资较小、原料适应性广，物料、温度分布均匀，原料与底物接触充分，发酵速率、容积产气率较高，但水力停留期（hydraulic retention time, HRT）与固体滞留期（solid retention time, SRT）时间相同，致使反应器负荷较低。

2.1.1.3 厌氧接触消化器（ACP）

厌氧接触消化器也是一种完全混合式厌氧反应器，反应器排出的混合液首先在沉淀池中进行固液分离，污水由沉淀池上部排出，沉淀池下部的污泥被回流至厌氧消化池内。该工艺适用于悬浮固形物（suspended solid, SS）浓度较高的处理，其优点是投资小、易启动、耐冲击负荷，保证了厌氧消化池内的污泥浓度，水力停留时间大大缩短，反应器的有机负荷率和处理效率较高。缺点是化学需氧量（chemical oxygen demand, COD）去除率相对较低，出水水质也相对较差，增加后续处理工艺负担；固液分离相对困难。

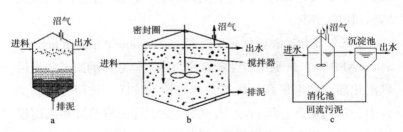

图2-1 低负荷反应系统

a. 常规厌氧反应器（CADT）　b. 全混式反应器（CSTR）
c. 厌氧接触消化器（ACP）

2.1.2 高负荷反应系统

高负荷反应系统（图2-2）包括附着膜型消化器（如厌氧滤器、厌氧流化床和膨胀床反应器）、上流式厌氧污泥床（up-flow anaerobic sludge bed/blanket, UASB）、塞流式反应器（plug flow reactor, PFR）等。

2.1.2.1 附着膜型消化器

突出特点是微生物固着于安放在消化器内的惰性介质上，在允许原料中的液体和固体穿流而过的情况下，固定微生物于消化器内，并且在较短的HRT下阻止微生物冲出，适用于处理低浓度、低SS有机废水。

①厌氧滤器（anaerobic filter, AF）：是采用填充材料作为微生物载体的一种高速附着膜型消化器，优点是不需另设分离设备和搅拌设备，可以保持较高的微生物浓度，能耗低、处理效率高、运转稳定、可承受一定的负荷变化，同时出水SS较低。缺点是投资大、填料费用高、启动期较长，微生物积累易发生堵塞和短路情况。

②厌氧流化床和膨胀床反应器（anaerobic fluidized bed reactor, AFBR）：是采用惰性颗粒作为微生物载体的附着膜型厌氧消化器，效率更高，优点是混合状态较好、负荷变化承受力强、负荷率高、运行稳定；缺点是支持介质易被冲出而损坏泵或其他设备，有时需要脱气装置从出水中有效地分开介质颗粒和悬浮固体，能耗、投资和运行成本高。

2.1.2.2 上流式厌氧污泥床反应器（UASB）

上流式厌氧污泥床反应器是自下而上流动的废水流过膨

胀的颗粒状的污泥床。三相分离器是厌氧消化器的关键设备，由气封、沉淀区和回流缝组成，主要功能是气液分离、固液分离和污泥回流。气体通过三相分离器分流后排出反应器，固体和液体则被阻止冲出而经回流缝回流，使SRT高于HRT，产甲烷效率明显提高，适用于处理SS含量较低的有机废水。该工艺的优点为除三相分离器外，消化器结构简单，负荷率高，工艺的稳定性好，出水SS含量低。缺点是投资较大，三相分离器结构较为复杂，需要有效的布水器使进料均布于消化器底部；进水要求低SS含量；在高水力负荷或高SS负荷时易流失固体和微生物，运行技术要求较高。

2.1.2.3 塞流式反应器（PFR）

塞流式反应器是一种推流式非完全混合消化器，高浓度悬浮固体原料从一端进入，从另一端流出，原料在消化器的流动呈活塞式推移状态。在消化器内应设置挡板和卧式搅拌器，

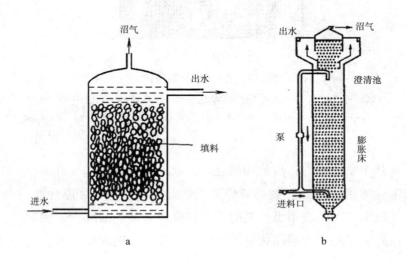

a   b

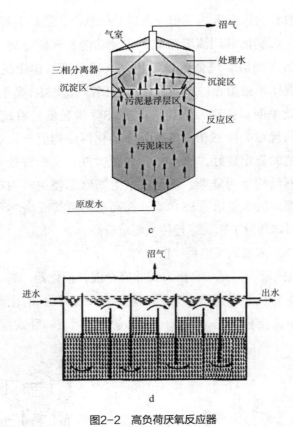

图2-2　高负荷厌氧反应器

a. 厌氧滤器（AF）　b. 厌氧流化床和膨胀床反应器（AFBR）　c. 上流式厌氧污泥床反应器（UASB）　d. 塞流式反应器（PFR）

有利于微生物与料液的接触混合，提高反应速率和运行的稳定，适用于高SS废物的处理。其优点为结构简单、能耗低、投资少，尤其适用于牛粪的消化；运转方便，故障少，稳定性高。其缺点为固体物可能沉淀于底部，影响消化器的有效体积，使HRT和SRT降低，同时需要固体和微生物的回流作为接种物；温度一致性差、效率较低，易结壳。

2.1.3 高效高负荷反应系统

高效高负荷反应系统（图2-3）包括膨胀颗粒污泥床反应器（expanded granular sludge blanket reactor, EGSB）、内循环厌氧反应器（internal circulation, IC）、上流式污泥床过滤器（up-flow blanket filter, UBF）、升流式固定床反应器（up-flow solids reactor, USR）等。

EGSB反应器与UASB反应器的结构相似，不同的是EGSB反应器采用较大的高度与直径比和很大的回流比，适用于处理SS含量较少和浓度相对较低的有机废水。该工艺的优点是占地面积较小，运行稳定，水力停留时间短，有机负荷和处理效率高。缺点是运行稳定性受温度影响较大，投资成本较高，对废水SS含量要求严格，高速的升流速度对运行条件和控制技术要求高。

内循环厌氧反应器（IC）集UASB反应器和流化床反应器于一身，利用反应器内所产生沼气的提升力实现发酵料液的内循环。IC反应器高度通常可达16~25m，高径比可达4~8，适用于可生化性、SS含量较少和浓度相对较低的有机废水处理。该工艺的优点是投资成本小，HRT较短，运行稳定，上升流速大，抗冲击负荷效果好，容积负荷高。缺点是在污水可生化性差时，去除率远低于UASB；当进水水质不太稳定时，易导致出水水量、水质相对不稳定，有时可能会出现短暂不出水现象，对后序处理工艺产生影响。

UBF反应器下面是高浓度颗粒污泥组成的污泥床，上部是填

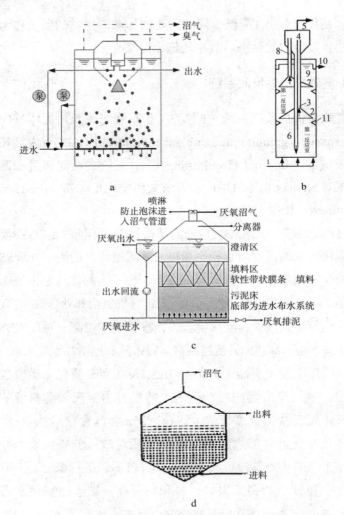

图2-3　高效高负荷反应系统

a. 膨胀颗粒污泥床反应器（EGSB）　b. 内循环厌氧反应器（IC）
c. 上流式污泥床反应器（UBF）　d. 升流式固定床反应器（USR）

1. 进水　2. 一级三相分离器　3. 沼气提升管　4. 气液分离器　5. 沼气排出管
6. 回流管　7. 二级三相分离器　8. 集气管　9. 沉淀区　10. 出水管　11. 气封

料及其附着的生物膜组成的滤料层。突出优势是反应器上部空间所架设的填料，不但在其表面生长微生物，且在其空隙截留悬浮微生物，利用原有的无效容积增加了生物总量，防止生物量的突然洗出，且由于填料的存在，夹带污泥的气泡在上升过程中与之碰撞，加速了污泥与气泡的分离，从而降低了污泥的流失。

　　USR反应器是一种结构简单、适用于高悬浮固体原料的反应器。原料从底部进入消化器内，与消化器里的活性污泥接触，使原料得到快速消化。未消化的生物质固体颗粒和沼气发酵微生物靠自然沉降滞留于消化器内，上清液从消化器上部溢出，可提高有机物的分解率和消化器的效率，在当前畜禽养殖行业粪污资源化利用方面有较多的应用。该工艺的优点是反应器结构简单，固体物可得到较彻底的消化，SS去除率60%～70%；停留时间较长，超负荷运行时不会造成酸

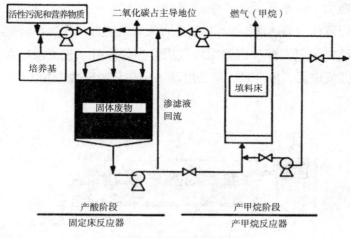

图2-4　湿法两相厌氧发酵反应器

化，浮渣层不易堵塞，产气效率高。缺点是易出现堵塞布水管、单管布水易短流等问题；对含纤维素较高的料液，表面易结壳。沼渣沼液COD浓度含量较高，不适宜达标排放。

2.1.4 湿法两相厌氧发酵反应器

湿法两相厌氧发酵工艺（图2-4）产酸阶段和产甲烷阶段是两个独立的处理单元，各自形成产酸发酵微生物和产甲烷微生物的最佳生态条件，发挥最大的代谢能力，使整个工艺达到最好的处理效果。该工艺主要适合尾菜等易酸化原料的厌氧发酵。

2.2 干法厌氧发酵

干法厌氧发酵技术工艺主要适合于处理TS质量分数达20%～50%的废弃物。与湿法工艺相比，干法工艺适应各种来源的固体有机废弃物，可以降低运行费用，并提高容积产气能力，需水量低，产生沼液少。干法反应器主要分为连续式厌氧反应器（图2-5）和序批式厌氧反应器（图2-6）两类。连续式厌氧发酵反应器国外应用最多的为卧式推流反应器和竖式反应器。序批式厌氧反应器适合TS质量分数为30%～40%

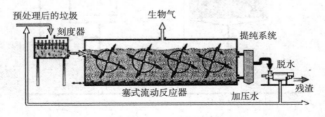

a

的原料，底物一次加料接种后完成消化过程。反应器设计简单，操作方便，对粗糙底物与重金属耐受性强，投资少。应用最多的是车库式反应器。

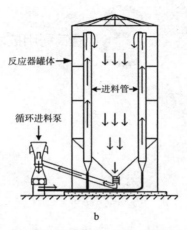

b

图2-5 干法连续式厌氧反应器

a. 卧式推流厌氧反应器　b. 竖式厌氧反应器

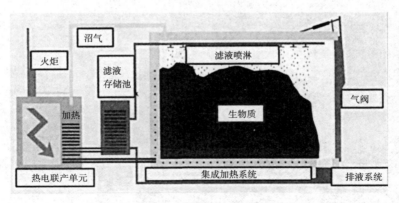

图2-6 干法序批式厌氧反应器

3

沼气利用技术

3.1 技术路径

沼气经净化后贮存，可以直接用于发电、供热、供气等，也可提纯用于车用燃气、城镇燃气等（图3-1）。

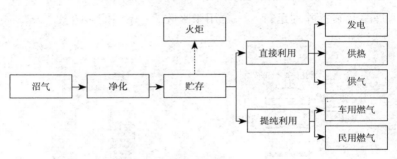

图3-1　沼气利用技术路径

3.2 沼气净化

沼气净化主要是为了去除沼气中的水分、二氧化碳和硫化氢。

3.2.1 沼气脱水

沼气脱水方法主要有冷凝法、吸附法、吸收法等。

3.2.1.1 冷凝法

主要是利用压力变化引起温度变化，使水蒸气冷凝。该法具有普适性，且投资和运行成本较低，冷却之前压缩沼气可进一步提高冷凝效率。冷凝法脱水效果并不能完全满足并入天然气管网的要求，可通过沼气净化技术（变压吸附、脱硫吸附）弥补。

3.2.1.2 吸附法

主要是通过化学吸附、物理吸附的方式实现沼气中水分的脱除（图3-2）。常用吸附材料可选择二氧化硅、氧化铝、氧化镁、活性炭或沸石等。该方法适用于中小型沼气工程的沼气脱水，通过增加温度或降低压力可使吸附材料再生。通常是两台装置并列运行，一台用于吸收，一台用于再生。

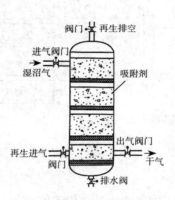

图3-2 沼气吸附除湿塔

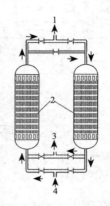

图3-3 吸收法脱水装置
1. 干燥沼气出口
2. 吸水剂 3. 再生气出口
4. 含水沼气出口

3.2.1.3 吸收法

主要是利用乙二醇、二甘醇、三甘醇或可吸湿盐类等吸收剂，实现沼气水分脱除（图3-3）。该方法适用于较高流量（500m³/h）的沼气脱水，可以作为沼气提纯并网的预处理方法。

3.2.2 沼气脱硫

沼气脱硫主要包括干法脱硫、湿法脱硫、物理脱硫和生物脱硫。

3.2.2.1 干法脱硫

可采用化学吸附法、化学吸收法和催化加氢法三种。①化学吸附法可采用活性炭和分子筛等脱硫剂吸附气体中的硫化物；②化学吸收法可采用氧化铁、氧化锌等脱硫剂与气体中的硫化氢反应，将硫化物脱除；③催化加氢法即采用钴钼、镍钼等催化剂，使有机硫转化为硫化氢，然后将其脱除。氧化铁脱硫法（图3-4）是常用的干法脱硫方法，最佳反应温度为25～50℃，该法硫化氢去除效率高（一般大于99%）、投资低、操作简单。缺点是对水敏感，脱硫成本较高，再生放热，床层有燃烧风险，反应表面随再生次数而减少，释放的粉尘有毒。

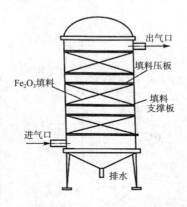

图3-4　氧化铁法脱硫装置

3.2.2.2 湿法脱硫

可采用氧化法和吸收法。氧化法可采用氨水法等，吸收法可采用烷基醇胺法、碱性溶液法等。碳酸钠吸收法是常用的湿法脱硫方法，该法既可脱除硫化氢，也可脱除二氧化碳，设备简单、运行经济；缺点是一部分碳酸钠变成了重碳酸钠，吸收效率降低，另有一部分变成硫酸盐而被消耗。

3.2.2.3 物理脱硫

常用有机溶剂作为吸收剂，具体可采用聚乙二醇二甲醚法、冷甲醇法、活性炭吸附法等。活性炭吸附法是较为常用的物理脱硫技术，适用于硫化氢含量<0.3%的气体，去除效率高，操作温度低，但投资和操作费用高，再生成本高，同时单质硫易沉积在孔道里难以清理。

3.2.2.4 生物脱硫法

生物脱硫法是利用无色硫细菌，如氧化硫硫杆菌、氧化亚铁硫杆菌等，在微氧条件下将硫化氢氧化成单质硫的方法。

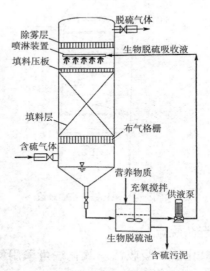

图3-5 生物脱硫装置

该方法（图3-5）去除效率高，大规模使用时运行成本低，适合于规模化沼气工程使用，但处理过程中有可能会引入氧气和氮气。

几种常用脱硫工艺比较见表3-1。

表3-1 常用脱硫工艺比较

	氧化铁法脱硫	湿法脱硫	活性炭吸附法	生物脱硫
脱硫设备投资	中等	大	大	中等
占地面积	大	中等	中等	中等
吸收剂成本	低	中等	高	大规模使用时成本低
是否需要解吸剂	需要	需要	需要且较难	需要且较难
再生成本	较高	高	高	高，再生较难
剩余物处理成本	较高	高	高	较高
脱净率	90%～99%	80%～90%	96%～99%	95%～99%

3.3 沼气储存

沼气储气柜一般分为低压湿式储气柜、低压干式储气柜和高压干式储气柜三种类型。

3.3.1 低压湿式储气柜

低压湿式储气柜（图3-6）国内技术成熟，虽然造价较高，但运行可靠、管理方便并具有输送沼气所需的压力。具体分为螺旋导轨储气柜、外导架直升式储气柜、无外导架直升式储气柜。①螺旋导轨储气柜（图3-6a）一般适合作大型储气柜，优点是用钢材较少；缺点是抗倾覆性能不好，对导轨制造、安装精度要求

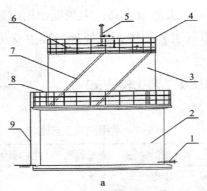

a

1. 进气管　2. 水封池　3. 钟罩　4. 钟罩栏杆
5. 放空管　6. 检修人孔　7. 导轨　8. 水封池栏杆
9. 水封池爬梯

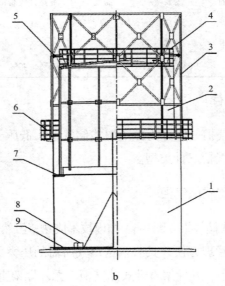

b

1. 水封池　2. 钟罩　3. 外导架　4. 钟罩栏杆
5. 上导轮　6. 水封池栏杆　7. 下导轮
8. 钟罩支墩　9. 进气管

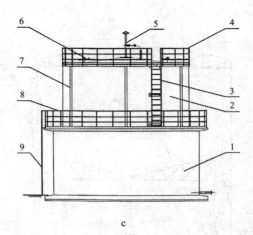

c

1. 水封池　2. 钟罩　3. 钟罩爬梯　4. 钟罩栏杆
5. 放空管　6. 检修人孔　7. 导轨　8. 水封池栏杆
9. 水封池爬梯

图3-6　低压湿式储气柜

a. 螺旋导轨储气柜　b. 外导架直升式储气柜　c. 无外导架直升式储气柜

高。②外导架直升式储气柜（图3-6b）一般适合作中小型储气柜，优点是加强了储气柜的刚性，抗倾覆性好，导轨制作安装容易；缺点是外导架比较高，施工时高空作业和吊装工作量较大，钢耗比同容积的螺旋导轨储气柜略高。③无外导架直升式储气柜（图3-6c）结构简单，导轨制作容易，钢材消耗小于有外导架直升式储气柜，但其抗倾覆性能最低，一般仅用于小的单节储气柜。

3.3.2　低压干式储气柜

低压干式储气柜（图3-7）可分为筒仓式储气柜、低压单膜/双膜储气柜和低压储气袋。①筒仓式储气柜可大大减

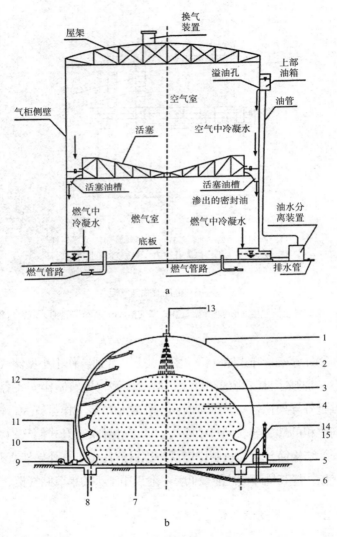

a

1. 外膜 2. 空气室 3. 内膜 4. 沼气储存室 5. 压力保护器 6. 排水管
7. 基础 8. 预埋件 9. 鼓风机 10. 空气管 11. 单向阀 12. 空气供气通道
13. 超声波探头 14. 上压板 15. 压紧螺栓

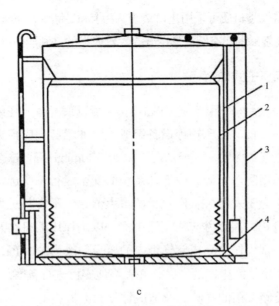

c

1. 利浦罐体 2. 储气袋 3. 附属装置 4. 底板

图3-7 低压干式储气柜

a. 采用稀油密封的筒仓式储气柜 b. 低压双模储气柜 c. 利浦储气柜（低压储气袋）

少基础荷重，在储气柜底板及侧板全高1/3的下半部要求气密，而侧板全高2/3的上半部分及柜顶不要求气密，可以设置洞口以便工作人员进入活塞上部进行检查和维修。此类型储气柜主要采用稀油密封和柔膜密封的方式进行气体密封。

②低压单膜储气柜由抗紫外线的双面涂覆聚偏氟乙烯（polyvinylidene fluoride, PVDF）涂层的外膜材料制作，特点是单层结构，保温效果好于钢结构，但差于双层膜结构。双膜储气柜采用双层构造，内层采用沼气专用膜，外层采用抗老化的外膜材料，同时可以起到保持外形和保证恒定工作压力的作用。

③低压储气袋材质可采用进口塑胶，为了满足储气袋的安全使用，可在储气袋外围建有圆筒形钢外壳，较典型的是利浦储气柜。

3.3.3 高压干式储气柜

高压干式储气柜系统（图3-8）主要由缓冲罐、压缩机、高压干式储气柜、调压箱等设备组成。缓冲罐容积应根据厌氧发酵装置产气量而定，一般情况下以20～30min升降一次为宜。压缩机应采用防爆电源，以保证系统的安全运行，所选择压缩机的流量应大于发酵装置产气量的最大值，但不宜超过太多，以免造成浪费。在北方应建压缩机房，以确保压缩机在寒冷条件下能够正常工作。高压储气柜内的压力一般为0.8MPa，应选择有相关资质厂家生产的产品，并在当地安检进行备案。

各类储气柜的优缺点及适应性见表3-2。

图3-8 高压干式储气柜

表3-2　各类储气柜的优缺点及适应性

分类		优缺点	适应性
低压湿式储气柜（压力: 0~5kPa）	螺旋导轨储气柜外导架直升式储气柜无外导架直升式储气柜	优点：制造技术成熟、运行可靠、管理方便，具备沼气输送所需的压力缺点：造价高，易腐蚀，冬季可能结冰	适用于供气距离较长、寒冷季节不结冰的情况
低压干式储气柜（压力: 0~5kPa）	筒仓式储气柜低压单膜/双膜储气柜低压储气袋	优点：相对湿式储气柜占地面积小，基础建设投资可节省30%，生产、安装周期缩短1/3缺点：压力低，耗电高	适用于供气距离较短的情况适用于定时供气
高压干式储气柜（压力: 0~0.8MPa）	—	优点：占地面积小，压力大，可实现远距离输气，输气过程无需保温，降低输送管网建造成本缺点：工艺复杂、施工要求高、需定期维护	适用于供气距离长的情况

　　储气柜的容积应按需要的最大调节容量决定。用于民用的储气容积可按日平均供气量的50%~60%确定。用于发电机组连续运行时，储气容积宜按发电机日用气量的10%~30%确定；发电机组间断运行时，储气容积宜大于间断发电时间的用气总量。用于提纯压缩时，储气容积宜按日用气量的10%~30%确定。确定气柜单体容积时，应考虑气柜检修期间供气系统的调度平衡，对于不间断供气的用户，气柜数量不宜少于2个。

3.4 沼气集中供气

　　沼气集中供气系统一般由储气设施、沼气管网、调压设施、监控系统等组成。储气设施、压力级制、调压设施及沼气管网的布置，必须优先考虑沼气供应的安全性和可靠性，保证不间断向用户供气。

3.4.1 用气量和供气压力

居民生活和商业用气量指标应根据当地居民生活和商业用气量统计分析确定，也可参考类似地区的居民生活和商业用气量确定。没有相关资料时，居民生活用沼气量可按每户每天 $1.0\sim1.5m^3$ 计算，未预见气量按总气量5%～8%考虑。

通常情况下，沼气储气柜的压力为3～5kPa，可在输气管道尺寸选择合适时满足半径500m范围内大部分用气设备的进口端压力要求。在长距离传输、有大量用气设备同时使用的情况下，则需要通过增压和调压，以保证用气设备的进口端压力要求。供气管道中的压力分级和供气系统总压见表3-3至表3-5。

表3-3 沼气设计压力（表压）分级

名称		压力（MPa）
高压沼气管道	A	$0.8 < P \leqslant 1.6$
	B	$0.4 < P \leqslant 0.8$
中压沼气管道	A	$0.2 < P \leqslant 0.4$
	B	$0.01 < P \leqslant 0.2$
低压沼气管道		$P < 0.01$

表3-4　用户室内燃气管道的最高压力

沼气用户		最高压力（MPa）
工业用户及锅炉旁	独立、单层	≤0.8
	其他	≤0.4
商业用户		≤0.2
居民用户（中压进户）		≤0.1
居民用户（低压进户）		<0.01

表3-5　沼气供气系统压力降分配表

燃具额定压力	储气柜或调压器出口压力	允许总压降	压力降分配			
Pn		ΔP	主管	支管	室内管	流量计
800	1 550	750	300	200	100	150
1 600	2 950	1 350	850	250	100	150

3.4.2 供气管网

供气管网包括供气干管和支管，供气干管的布置最好能形成环状供气管网。

3.4.2.1 管道材料

沼气管道根据铺设情况，可以采用聚乙烯燃气管、钢管或钢骨架聚乙烯塑料复合管，所选择的管材要求见表3-6。地下沼气管道防腐设计，必须考虑土壤电阻率、外防腐涂层的种类，可根据工程的具体情况选用石油沥青、聚乙烯防腐胶带、环氧煤沥青、聚乙烯防腐层、氯磺化聚乙烯、环氧粉末喷涂等。采用涂层保护埋地铺设的钢质沼气干管，宜同时采用阴极保护。

表3-6 沼气管道材料相关要求

管道材料分类	标准	其他要求
聚乙烯燃气管	《燃气用埋地聚乙烯管材》（GB 15558.1）《燃气用埋地聚乙烯管件》（GB 15558.2）	—
钢管（焊接钢管、镀铸钢管或无缝钢管）	《低压流体输送用焊接钢管》（GB/T 3091）《输送流体用无缝钢管》（GB/T 8163）	必须进行外防腐，应符合《钢质管道及储罐腐蚀控制工程设计规程》（SY 0007）要求；采用涂层保护的埋地钢管宜采用阴极保护
钢骨架聚乙烯塑料复合管	《燃气用钢骨架聚乙烯塑料复合管》（CJ/T 125）《燃气用钢骨架聚乙烯塑料复合管件》（CJ/T 126）	

3.4.2.2 管道安全装置

沼气管网应设置防止管道超压的安全保护装置和沼气浓度报警装置，同时沼气管道和设备的防雷、防静电措施必须可靠。

安全保护装置包括放空管、紧急切断阀等。输气干管放空管应设置在不致发生火灾和危害居民健康的地方，其阀门直径应与放空管直径相等，以保证迅速放空管段内的气体，同时放空竖管底部弯管且相连接的水平放空引出管必须埋地，弯管前的水平埋设直管段必须进行锚固。竖管顶端不能装设弯管，其高度应比附近建（构）筑物高出2m以上，且总高度不应小于10m，放空气体应符合环境保护和安全防火的要求。紧急切断阀应安装在供气管网的入口管、干管或总管上。封闭式沼气调压计量间、密闭的用气房间、管道竖井、引入管穿墙处、有沼气管道的管道层等场所应安装沼气浓度检测报警器。报警器系统应有备用电源并与排风扇、紧急自动切断阀等设备连锁，设置的位置与燃具或阀门的水平距离不得大于3m，安装高度应距顶棚0.3m以内，且不得设在燃具上方。

在进出建筑物的沼气管道的进出口处，室外的屋面管、立管、放散管、引入管和沼气设备等处均应有防雷、防静电接地设施。防雷、防静电接地设施的设计应分别符合现行国家标准《建筑物防雷设计规范》（GB 50057）和《化工企业静电接地设计规程》（HGJ 28）的规定。

3.4.2.3 气压调节

调压装置宜设置在露天，并应设置围墙、护栏或车挡。地下的调压装置应设置于单独的建筑物内或地下单独的箱内，同时符合国家标准《输气管道工程设计规范》（GB 50251）的要求。无采暖的调压装置的环境温度应能保证调压装置的活动部件正常工作，无防冻措施的调压装置的环境温度应大于0℃。

3.4.3 供气管道系统安装

3.4.3.1 室外沼气管道布置与安装

室外沼气管道安装应考虑地形、居民区、道路等的影响等，能安全可靠地供给各类用户压力正常、数量足够的沼气，在布线时首先应满足使用上的要求，尽量缩短线路以节省管道和投资，同时应考虑以下注意事项。

①沼气干管的位置应靠近大型用户，主要干线应逐步连成环状。

②沼气管道宜采用地下直埋敷设，地基宜为原土层，凡可能引起管道不均匀沉降的地段，应对地基进行处理。在不影

响交通情况下也可架空敷设，架空敷设的钢管穿越主要干道时，其高度不应低于4.6m。当用支架架空时，管底至人行道路路面的垂直净距一般不小于2.2m。有条件地区也可沿建筑物外墙或支柱敷设。

③沼气埋地管道敷设时，应尽量避开主要交通干道，避免与铁路、河流交叉。必须穿越河流时，可敷设在已建道路桥梁上或敷设在管桥上；必须穿越铁路或主要公路干道时，沼气管应敷设在套管或地沟内；必须穿过污水管、上水管时，沼气管必须置于套管内。

④管线应少占良田好地，尽量靠近公路敷设，并避开未来的建筑物。

⑤沼气管道不得敷设在建筑物下方，不得与高压电线、动力和照明电缆共用一条管沟，不得敷设在易燃易爆材料及腐蚀性液体堆放场所下。

⑥沼气埋地管道与建筑物、构筑物基础或相邻管道之间的最小水平净距见表3-7；沼气埋地管道与其他地下构筑物相交时，其垂直净距见表3-8。

表3-7　沼气管与其他管道的水平净距（m）

建筑物基础	热力管给水管排水管	电力电缆	通信电缆		铁路钢轨	电杆基础		通信照明电缆	树木中心
			直埋	在导管内		≤35kV	>35kV		
0.7	1.0	1.0	1.0	1.0	5.0	1.0	5.0	1.0	1.2

表3-8　沼气管与其他管道的垂直净距（m）

给水管 排水管	热力沟底 或顶	电缆		铁路轨底
		直埋	在导管内	
0.15	0.15	0.5	0.15	1.2

注：当采用塑料管时应置于钢套管内，垂直净距为0.5m。

⑦沼气管道应埋设在土壤冰冻线以下，其管顶破土厚度应遵守下列规定：埋在车行道下不得小于0.5m，埋在非车行道下不得小于0.6m。

⑧沼气管道坡度不小于0.003。应在管道的最低处设置凝水器，一般每隔200～250m设置一个。沼气支管坡向干管，小口径管坡向大口径管。

3.4.3.2　室内沼气管道布置与安装

室内燃气管道系统包括管道、阀门、燃气表、灶具及其他配件等，其布置与安装应首先保证用户安全使用、不易遭到外界破坏和漏气，同时适合沼气用户使用的目的，满足炊事的需要，并保证不致影响到其他室内设备的正常使用、便于日常维护管理，一般应遵循下列原则。

①户内燃气立管、水平管和燃气表之间的相对位置应有密切联系，应取最短的管长并尽可能减少曲折，特别要考虑方便维修和管理。

②户内管的安装顺序：通常先敷设引入管、进户阀门，再安装立管、水平干管、分支立管，之后从立管上接出支管，装燃气表旋塞，挂燃气表，安装表后水平管、下垂管，最后连接燃具。

③引入管穿越建筑物基础时，必须设置在套管内。引入管的坡度不小于0.005，并应坡向来气管道。

④户内燃气管道上的阀门一般装设在进户总管、燃气表前、下垂管末端。为了在较长燃气管道上能够分段检查漏气，也可在适当位置上设置阀门。

⑤处于气候严寒地带的燃气管道，必须考虑防冻保温措施，以防止管内结冰挂霜而形成堵塞。

3.4.3.3 强度试验及气密性试验

对设计压力小于10kPa的室内管路进行强度试验时，试验压力为0.1 MPa，试验时可用发泡剂涂抹所有接头，不漏气为合格。

对低压管道进行气密性试验时，试验压力不应小于5kPa。测量可采用最小刻度为1mm的U形压力计，对用于居民用户的管道试验时间为15min，用于商业和工业用户的管道试验时间为30min，观察压力表无明显下降为合格。

在通气前，必须检查整个管道工程和所有管路上的附属设备，然后将阀门关闭，进一步检查燃气管道附近有无火源、安全设施是否完备，最后由专业人员负责通气工作。

3.5 沼气发电及余热利用

3.5.1 发电用沼气质量要求

沼气发电首先要满足沼气发电机组对沼气质量的要求。《中大功率沼气发电机组》（GB/T 29488—2003）、《沼气电站技术规范》（NY/T 1704—2009）对沼气质量的要求为：

① 低热值不低于14 MJ/Nm³，沼气中甲烷在30s内的体积分数变化率不应超过2%，机组连续运行期间沼气中甲烷体积分数变化率不超过5%。

② 沼气温度为0～50℃。

③ 沼气成分要求见表3-9。

表3-9　发电用沼气质量要求

沼气中甲烷体积含量（%）	硫化氢*（mg/Nm³）	氢氟化物（mg/Nm³）	氨（mg/Nm³）	粉尘	水
40～50	≤200	≤100	≤20	粒度≤5μm含量≤30 mg/Nm³	无液体成分，湿度≤80%
50～60	≤250	≤125	≤25		
≥60	≤300	≤150	≤30		

　　* N指标准状况下，沼气体积的标准参比条件是101.325kPa，20℃；按照沼气中所含硫成分全部转化为硫化氢计算。

沼气发电机组在距离机组燃气支管前1m处的沼气压力不低于3kPa，当供气压力低于3kPa时，应配置气体增压设备。在沼气发电机组运行时，发动机允许的沼气压力波动一般要小于0.4kPa/s。

沼气发电机组的沼气用量应根据发电机组的效率和负荷确定，发电时沼气的供气量应相对稳定。沼气使用量应不低于沼气发电机额定功率耗气量的1.2倍。供气系统应设有调节用气的设施和气体计量仪表。沼气发电机组连续运行时，储气装置容量应按照运行机组总额定功率大于3h的用气量设计。沼气发电机组间歇运行时，储气装置容量应按照间断发电时间的沼气总量设计。

3.5.2 沼气发电机组

构成沼气发电机组（图3-9）的主要设备有燃气发动机、发电机和热回收装置。由厌氧发酵装置产出的沼气，经脱水、脱硫、稳压后，达到质量要求后供给燃气发动机，驱动与燃气内燃机相连接的发电机产生电力。燃气发动机排出的冷却水和废气中的热量可通过余热回收利用装置回收，作为厌氧发酵装置的加热源。

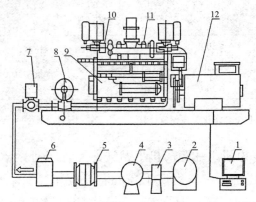

图3-9　沼气发电机组组成

1. 计算机监控系统　2. 抽风机　3. 过滤器　4. 稳压罐　5. 阻火器　6. 气水分离器　7. 电磁阀　8. 调压阀　9. 发动机　10. 电控混合器　11. 涡轮增压器　12. 发电机

燃气发动机按其压缩混合气体的点火方法分为由火花点火的纯烧沼气发动机和由压缩点火的沼气-柴油双燃料发动机。

3.5.2.1 火花点火式纯烧沼气发动机

基本构造和点火装置等均与汽油发动机相同，由电火花将燃气和空气混合气体点燃。其优点是不需要引火燃料，因此不需设置燃油系统，在沼气供给稳定时运行经济、效率高，但在沼气量供应不足时会使发电能力降低而达不到规定的输出功率。

3.5.2.2 压燃式沼气-柴油双燃料发动机

在压缩程序结束时，喷出少量柴油并由燃气的压缩热将柴油点着，利用其燃烧使作为主要燃料的混合气体点燃、爆发。

3.5.2.3 发电机

将发动机的输出转变为电力，发电机有同步发电机和感应发电机两种。当沼气的发热量为23 237kJ/m³时，发动机的热效率为35%；发电机的热效率为90%时，每立方米沼气发电约2度。

3.5.2.4 余热回收

燃气发动机的能量收支，随发动机的种类和工作条件而不同，沼气总能量的约33%可直接变为发动机的机械能，其余能量中，燃气内燃机运转过程中缸套冷却水和尾气排放的热量可进行回收利用。通过板式换热器可利用冷却水系统中的热能，通过管壳式不锈钢列管式换热器利用尾气中的余热，可利用热量约占沼气燃烧产生热量的35%～50%。余热可以用于工业过程、锅炉进水预热、房间加热、沼气发酵装置加热及沼渣加工等。沼气发电装置废热回收方法见图3-10。

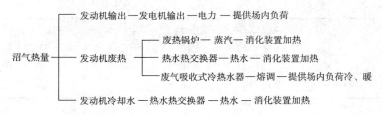

图3-10　沼气发电装置废热回收方法

表3-10　沼气发电机组参数

参数	参考值
正常工作条件	环境温度5～40℃ 海拔1 000m及以下 温度25℃时，空气相对湿度不大于95%
参比工作条件	总气压：100 kPa 环境温度：25℃ 空气相对湿度：30%
空载电压整定范围	额定电压值95%～105%
电压稳态调整率	不大于±5%
频率稳态调整率	柴油机改装的沼气发电机组：不大于±5% 汽油机改装的沼气发电机组：不大于±6%
电压波动率	电压波动率不大于±2%
频率波动率	柴油机改装的沼气发电机组：不大于±2% 汽油机改装的沼气发电机组：不大于±2.5%
频率稳定时间	不大于5s
三相不对称负载下工作的线电压偏差	柴油机改装的沼气发电机组：不大于±1.5% 汽油机改装的沼气发电机组：不大于±1%
机组热效率	沼气-柴油双燃料发电机组：不小于26% 纯烧沼气发电机组：不小于24%

表3-11　沼气发电机组在标定工况下的燃料消耗率

项目	标定功率 （kW）	电压 （V）	气耗率 [m³/（kW·h）]	油耗率 [g/（kW·h）]
沼气-柴油 双燃料发电机组	3，6-7	230	0.58	30
	10，12	400	0.55	45

（续）

项目	标定功率 （kW）	电压 （V）	气耗率 [m³/（kW·h）]	油耗率 [g/（kW·h）]
纯烧沼气 发电机组	0.5、0.8	230	0.70	—
	5	498/230	0.70	
	6	400/230	0.70	
	12	400/230	0.68	
	20	400/230	0.65	
	60、120、180	400	0.65	

3.6 沼气提纯

厌氧发酵产生的沼气甲烷含量为50%～65%，经过提纯处理后，可制成甲烷浓度90%以上的生物天然气，成为清洁的高品质可再生能源。

沼气提纯去除CO_2的方法主要有变压吸附法、加压水洗法、有机溶剂物理吸收法、有机溶剂化学吸收法、膜分离法、低温分离法等技术。

3.6.1 变压吸附法

变压吸附法是利用吸附剂对不同气体组分的吸附量、吸附速度、吸附力等方面的差异，以及吸附剂的吸附容量随压力的变化而变化的特性，在加压时完成混合气体的吸附分离，在降压条件下完成吸附剂的再生，从而实现气体分离（图3-11）。常用吸附材料有活性炭、沸石和分子筛。除了二氧化碳，其他气体分子（如硫化氢、氨气、水）也能被吸附。变压吸附后生物甲烷的纯度大于96%。

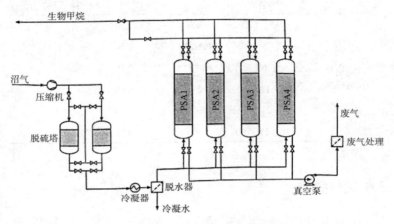

图3-11　变压吸附法沼气提纯流程

3.6.2 加压水洗法

　　加压水洗法是利用甲烷和二氧化碳在水中的不同溶解度对沼气进行分离的方法（图3-12）。水洗法效率较高，操作管理简单，廉价经济，单个洗涤塔可以将甲烷浓度提纯到95%。采用加压水洗法应安装自动冲洗装置，或者通过加氯杀菌的方式解决填料堵塞问题，也需要对沼气进行干燥处理。

3.6.3 有机溶剂物理吸收法

　　有机溶剂物理吸收法主要采用有机溶剂作为吸附剂。典型的物理吸收剂有碳酸丙烯酯、聚乙二醇二甲醚、低温甲醇和N-甲基吡咯烷酮等；另外还有一种常用的物理吸收剂为Sel-

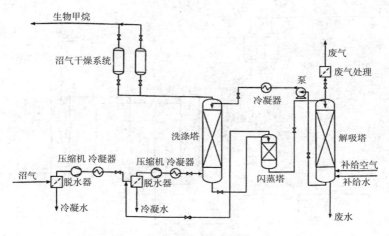

图3-12　加压水洗法沼气提纯流程

exol®，主要成分为二甲基聚乙烯乙二醇、水和卤化烃（主要来自填埋场沼气），也可以用Selexol®吸收去除。一般使用水蒸气或者惰性气体吹脱Selexol®进行再生。有机溶剂物理吸收法可以同时吸收二氧化碳、硫化氢和水蒸气，另外氨气也能够被吸收，但应避免形成不利的中间产物。有机溶剂物理吸收法沼气提纯流程见图3-13。

3.6.4 有机溶剂化学吸收法

有机溶剂化学吸收法是利用胺溶液将二氧化碳和甲烷分离的方法。常用的溶液有乙醇胺、二乙醇胺、甲基二乙醇胺。除了二氧化碳，硫化氢也可以在胺洗过程被吸收，但如果沼气含有高浓度的硫化氢，则需要提前进行脱硫处理，否则会

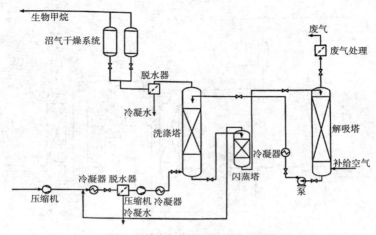

图3-13　有机溶剂物理吸收法沼气提纯流程

导致化学吸收剂中毒。产品气体中甲烷浓度一般可达99%以上。应当注意避免氧气的进入，吸收过程可以在较低的压力条件下进行，一般情况下只需要在沼气已有压力的基础上稍微提高压力即可。该方法的问题是运行能耗高，运行过程需要经常补充胺溶液。有机溶剂吸收法沼气提纯流程见图3-14。

3.6.5　膜分离法

膜分离法主要利用气体通过高分子膜的透过率不同而进行气体分离。高分子膜材料可采用醋酸纤维和芳族聚酰亚胺等。为了延长膜的使用寿命并获得最佳分离效率，至少应设置两级膜分离系统。该技术可将沼气变成品位更高的无硫天然气，直接并入供气管网或者是经过加压、液化后成为压缩天然气

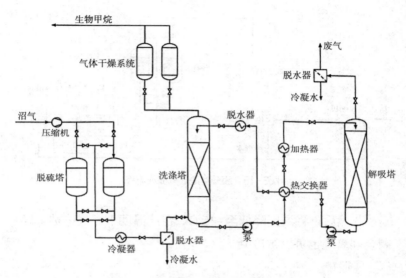

图3-14　有机溶剂吸收法沼气提纯流程

（CNG）、液化天然气（LNG），具有更好的经济效益。膜分离法沼气提纯流程见图3-15。

3.6.6　低温分离法

低温分离法是利用制冷系统将混合气体降温，由于二氧化碳的凝固点比甲烷要高，先被冷凝下来，从而得以分离。低温分离一般应按以下步骤进行：

①首先将温度下降至6℃，在此温度下，部分硫化氢和硅氧烷可以通过催化吸附去掉。

②预处理后，原料气体被加压到（1.8～2.5）×10^6Pa。

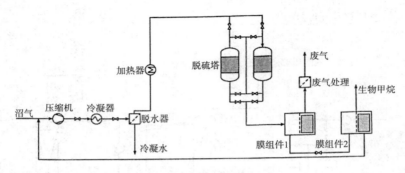

图3-15　膜分离法沼气提纯流程

③然后再将温度降低至-25℃。在此温度下，气体被干燥，剩余硅氧烷也可以被冷凝。

④脱硫。

⑤温度下降至-59～-50℃，二氧化碳液化，进而将其去除。甲烷的预期损失0.1%～1%，甲烷实际损失被限制在2%以内。

低温分离法沼气提纯流程见图3-16。

各类沼气提纯技术的关键参数见表3-12。

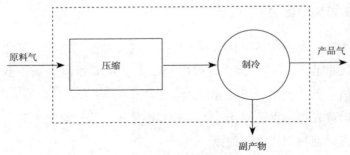

图3-16　低温分离法沼气提纯流程

表3-12 沼气提纯技术的关键参数

	变压吸附	水洗	有机溶剂物理吸收	有机溶剂化学吸收	膜分离	低温提纯
每立方米沼气耗电量（kW·h）	0.16～0.35	0.20～0.30	0.23～0.33	0.06～0.17	0.18～0.35	0.18～0.25
每立方米沼气耗热量（kW·h）	0	0	0.10～0.15	0.4～0.8	0	0
反应器温度（℃）	—	—	40～80	106～160	—	—
操作压力（10^5Pa）	1～10	4～10	4～8	0.05～4	7～20	10～25
甲烷损失（%）	1.5～10	0.5～2	1～4	约0.1	1.0～15	0.1～2.0
甲烷回收率（%）	90～98.5	98～99.5	96～99	约99.9	85～99	98～99.9
废气处理要求（甲烷损失>1%）	是	是	是	否	是	是
精脱硫要求	否	否	否	是	推荐	是
用水要求	否	是	否	是	否	否
用化学试剂要求	否	否	是	是	否	否

4

沼液利用技术

4.1 技术路径

　　沼气工程副产物经过固液分离后得到的沼液，可通过沼气工程回流利用、田间直接利用、高值化利用等技术路径进行利用，也可先经过营养元素回收利用后，剩余部分经深度处理后达标排放或回用（图4-1）。

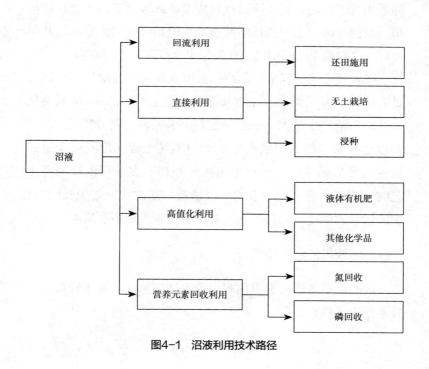

图4-1　沼液利用技术路径

4.2 工艺类型及技术设备适用性

4.2.1 沼液回流

沼液经过固液分离后，可以回流，用于原料调节或调整浆液的固体含量，以保证后端厌氧发酵的顺利运行。该技术可以降低沼气工程用水量，降低运行成本，减轻后端污水处理的负担，同时为厌氧系统提供活性菌群。但长时间的沼液回流并不可行，会对整个厌氧沼气工程的稳定运行带来不利影响。

在厌氧沼气工程中，沼液回流要根据不同发酵原料来选择是否进行。对于粪便、生物质原料来说，采用CSTR厌氧消化工艺的沼液产生量大，一般应控制沼液回流比在50%以内；针对以秸秆为原料、沼液产生量少的沼气工程，沼液可全量回流进入发酵罐或用于秸秆原料的预处理。在采用沼液回流工艺时，应当注意监控沼液的回流量及回流次数，避免长时间、大流量、超浓度的回流沼液，对厌氧过程形成不利影响。

4.2.2 沼液其他利用技术

按照《畜禽粪污资源化利用技术丛书》之《粪水资源利用技术指南》执行。

5

沼渣利用技术

5.1 技术路径

沼渣经发酵后可作为底肥、追肥等直接施用，或与农作物秸秆、木屑等废弃物混合后经过好氧发酵处理生产有机肥料，也可经调质后用作栽培基质、养殖垫料等进行利用（图5-1）。

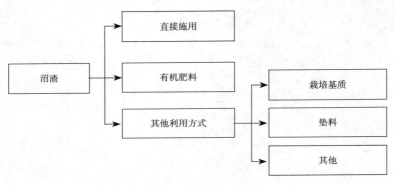

图5-1　沼渣利用技术路径

5.2 工艺类型及技术设备适用性

5.2.1 沼渣直接施用

5.2.1.1 施用技术

经过充分厌氧消化的沼渣可直接施用。作基肥施用时，水分宜控制在60%以下，使用量根据作物的不同需求而定，一般每公顷施用22 500～37 500kg。不同作物施用量可参考表5-1。施用方式可采用穴施、条施、撒施。施肥后应充分与土壤混合，并立即覆土，陈化一周后便可播种、栽插。沼渣可与化肥配合使用（表5-2），沼渣用作基肥，化肥用作追肥，在拔节期、孕穗期施用，对于缺磷和缺钾的旱地，还可适当补充磷肥和钾肥。

表5-1　几种主要作物沼渣年参考施用量（kg/hm^2）

作物种类	沼渣施用量
水稻	22 500～37 500
小麦	27 000
玉米	27 000
棉花	15 000～45 000
油菜	30 000～45 000
苹果	30 000～45 000
番茄	48 000
黄瓜	33 000

表5-2　几种主要作物沼渣与化肥配合年参考施用量（kg/hm^2）

作物种类	沼渣施用量	尿素施用量	碳铵施用量
水稻	11 250～18 750	120～210	345～585
小麦	13 500	150	420
玉米	13 500	150	420
棉花	7 500～22 500	75～240	240～705
油菜	15 000～22 500	165～240	465～705
苹果	15 000～30 000	165～330	465～945
番茄	24 000	255	750
黄瓜	16 500	180	510

注：氮素化肥选用其中一种。

5.2.1.2 技术设备

沼渣直接施用技术设备主要包括拖拉机、撒肥车（图5-2）、有机肥深松施肥机（图5-3）等。常规施肥采用拖拉机将沼渣运送至田里，分批次卸车后撒开；撒肥车采用拖拉机拖动，可实现沼渣均匀施用。

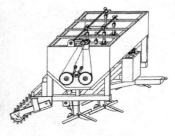

| 图5-2　撒肥车 | 图5-3　有机肥深松施肥机 |

沼渣直接施用简单易行，适合于以畜禽粪污为原料且经过充分厌氧消化的沼渣，施用前应对沼渣病原及种子发芽率等参数进行检测。

5.2.2 沼渣堆肥

沼渣堆肥工艺分为条垛式、槽式、一体化反应器等。条垛式堆肥和槽式堆肥主要适用于沼渣产量较大（20t/d以上）的沼气工程，一体化反应器堆肥主要适用于沼渣产量较小（5～20 t/d）的沼气工程，发酵要求按照《堆肥技术标准》执行。

5.2.3 沼渣栽培基质

腐熟度好、质地细腻的沼渣可用于制备栽培基质。沼渣用量占混合物总量的20%～30%，可掺入50%～60%的泥土，5%～10%的锯末，0.1%～0.2%的氮、磷、钾化肥及微量元素，农药等，拌匀。配料时要调节黏土、砂土、锯末的比例，使其具有适当的黏结性，以便于压制成形。

5.2.4 沼渣垫料

腐熟度好的沼渣经固液分离和二次挤压降低水分后，水分调节至50%以下，可直接用于养殖垫料。

沼渣脱水方法主要包括离心分离、压滤等方法。离心分离技术是利用固体悬浮物在高速旋转下产生离心力的原理使固液分离。离心分离机分离效率要高于筛分，而且分离后的固体物含水率相对较低，但离心分离机设备昂贵、能耗大，且维修困难，适用于大中型养殖场沼气工程剩余物的固液分离。压滤技术主要包括条带压滤和螺旋挤压技术。条带式压滤机价格偏高，适用于大中型养殖场粪水固液分离；螺旋挤压机在处理小规模、高浓度的沼渣时其省电优势明显。

参 考 文 献
REFERENCES

卞永存, 寇巍, 李世密, 等, 2009. 农作物秸秆两相厌氧发酵工艺
  研究进展 [J]. 可再生能源, 27 (5): 61-65.

卞有生, 2000. 生态农业中废弃物的处理与再生利用 [M].
  北京: 化学工业出版社.

蔡卓宁, 蔡磊, 蔡昌达, 2009. 产气、贮气一体化沼气装
  置——规模化沼气工程的新池型 [J]. 农业工程技术 (新
  能源产业) (1): 31-33.

陈祥, 梁芳, 盛奎川, 等, 2012. 沼气净化提纯制取生物甲烷
  技术发展现状 [J]. 农业工程, 2 (7): 30-34.

邓良伟, 等, 2015. 沼气工程 [M]. 北京: 科学出版社.

董仁杰, 伯恩哈特, 蓝宁阁, 2013. 沼气工程与技术 [M]. 北
  京: 中国农业大学出版社.

杜祥琬, 2008. 中国可再生能源发展战略丛书 [M]. 北京:
  中国电力出版社.

贺延龄, 1998. 废水生物处理 [M]. 北京: 中国轻工业出版社.

胡元东, 2012. Z6190ZL DK沼气发电机组的研制 [J]. 内燃机
  与动力装置 (1): 19-21.

江皓, 吴全贵, 周红军, 2012. 沼气净化提纯制生物甲烷技术
  与应用 [J]. 中国沼气, 30 (2): 6-11, 19.

金家志, 绍风君, 1991. 沼液在农业上的综合利用 [J]. 资源
  节约和综合利用 (2): 36-38.

孔庆阳, 2006. 沼气发电机组的开发利用 [J]. 山东内燃机

（2）：28-31.

黎良新，2007. 大中型沼气工程的沼气净化技术研究［D］. 南宁：广西大学.

李东，袁振宏，孙永明，等，2009. 中国沼气资源现状与应用前景［J］. 现代化工，29（4）：1-5.

梁芳，包先斌，王海洋，陈祥，2013. 国内外干式厌氧发酵技术与工程现状［J］. 中国沼气，31（3）：44-49.

林聪，王久臣，周长吉，2007. 沼气技术理论与工程［M］. 北京：化学工业出版社.

林家彬，李辉，汤赤，等，2016. 发酵床生猪养殖垫料水分调控系统运行效果［J］. 农业科学与技术：英文版，17（4）：923-926.

蔺金印，刘鉴民，等，1989. 实用农村能源手册［M］. 北京：化学工业出版社.

农业部环保能源司，中国沼气学会，河北省科学院能源研究所，1990. 沼气技术手册［M］. 成都：四川省科学技术出版社.

农业部人事劳动司，2004. 沼气生产工：上册［M］. 北京：中国农业出版社.

农业部人事劳动司，2004. 沼气生产工：下册［M］. 北京：中国农业出版社.

潘良，徐晓秋，高德玉，等，2015. 沼气脱碳提纯技术研究进展〔J〕.黑龙江科学（6）：18–20, 21.

齐岳, 2013. 沼气工程建设手册〔M〕.北京：化学工业出版社.

齐岳, 郭宪章, 2010. 沼气工程系统设计与施工运行〔M〕.
　北京：人民邮电出版社.

宋灿辉, 肖波, 史晓燕, 等, 2007. 沼气净化技术现状〔J〕. 中
　国沼气, 25（4）：23–27.

唐艳芬, 王宇欣, 2013. 大中型沼气工程设计与应用〔M〕.
　北京：化学工业出版社.

王兆骞, 2001. 中国生态农业与农业可持续发展〔M〕. 北京：
　北京出版社.

杨世关, 李继红, 李刚, 2013. 气体生物燃料技术与工程〔M〕.
　上海：上海科学技术出版社.

叶小梅, 常志州, 2008.有机固体废物干法厌氧发酵技术研究综
　述〔J〕.生态与农村环境学报, 24（2）：76–79.

尹冰, 陈路明, 孔庆平, 2009. 车用沼气提纯净化工艺技术研
　究〔J〕. 现代化工, 29（11）：28–33.

张京亮, 赵杉林, 赵荣祥, 等, 2011. 现代二氧化碳吸收工艺
　研究〔J〕.当代化工, 40（1）：88–91.

张全国, 2008.沼气技术及其应用〔M〕.北京：化学工业出版社.

张榕林, 1986.沼气燃料〔M〕.北京：北京师范学院出版社.

张无敌, 尹芳, 李建昌, 2009. 农村沼气综合利用〔M〕. 北
　京：化学工业出版社.

张自杰, 林荣忱, 金儒霖, 2004. 排水工程：下册〔M〕. 4版.
　北京：中国建筑工业出版社.

赵立欣, 董保成, 田宜水, 2008. 大中型沼气工程技术〔M〕.
　北京：化学工业出版社.

郑戈, 张全国, 2013.沼气提纯生物天然气技术研究进展〔J〕.
　农业工程学报（9）：1–8.

周孟津，1999. 沼气生产利用技术［M］. 北京：中国农业大学出版社.

周孟津，张榕林，蔺金印，2009. 沼气实用技术［M］. 2版. 北京：化学工业出版社.

Al Seadi T，2008. Biogas handbook, Syddansk Universitet.

Birgitte K A，2003. 生物甲烷（下册）［M］. 郭金玲，胡为民，龚大春，等，译. 北京：中国水利水电出版社.

Deublein D，Steinhauser A，2008. Biogas from waste and renewable resources：an introduction［J］. Weinheim：Wiley-VCH，361-388.

Marco S，Thomas M，Matthias W，2013. Transforming biogas into biomethane using membrane technology［J］. Renewable and Sustainable Energy Reviews，17（1）：199-212.

R. E. 斯皮思，2001. 工业废水厌氧生物处理技术［M］. 李亚新，译. 北京：中国建筑工业出版社.

Ryckebosch E，Drouillon M，Vervaeren H，2011. Techniques for transformation of biogas to biomethane［J］. Biomass and Bioenergy，35：1633-1645.

Wellinger A，Murphy J，Baxter D，2013. The biogas handbook：science，production and applications［J］. UK：Woodhead PublishingLimited.